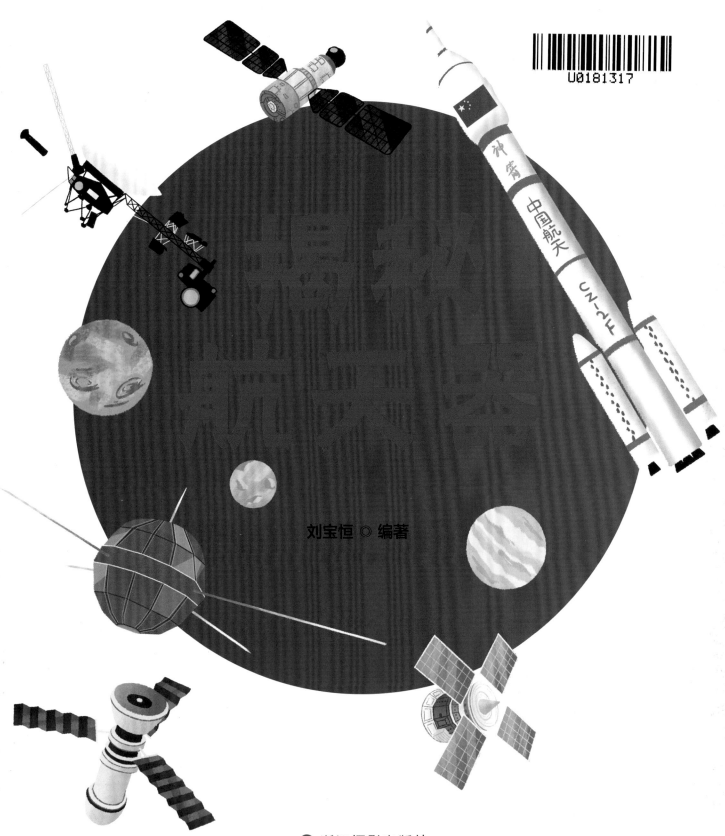

刘宝恒 ◎ 编著

浙江摄影出版社
全国百佳图书出版单位

航天器是什么

对太空充满好奇的人类，发明出各种各样的航天器。这些航天器是怎样的？又有什么神奇的本领呢？

太空中有大大小小无数个星体，有的是恒星，有的是行星……

人造火星卫星，专门绕着火星运转。

航天器也叫作"空间飞行器"或者"太空飞行器"。

2

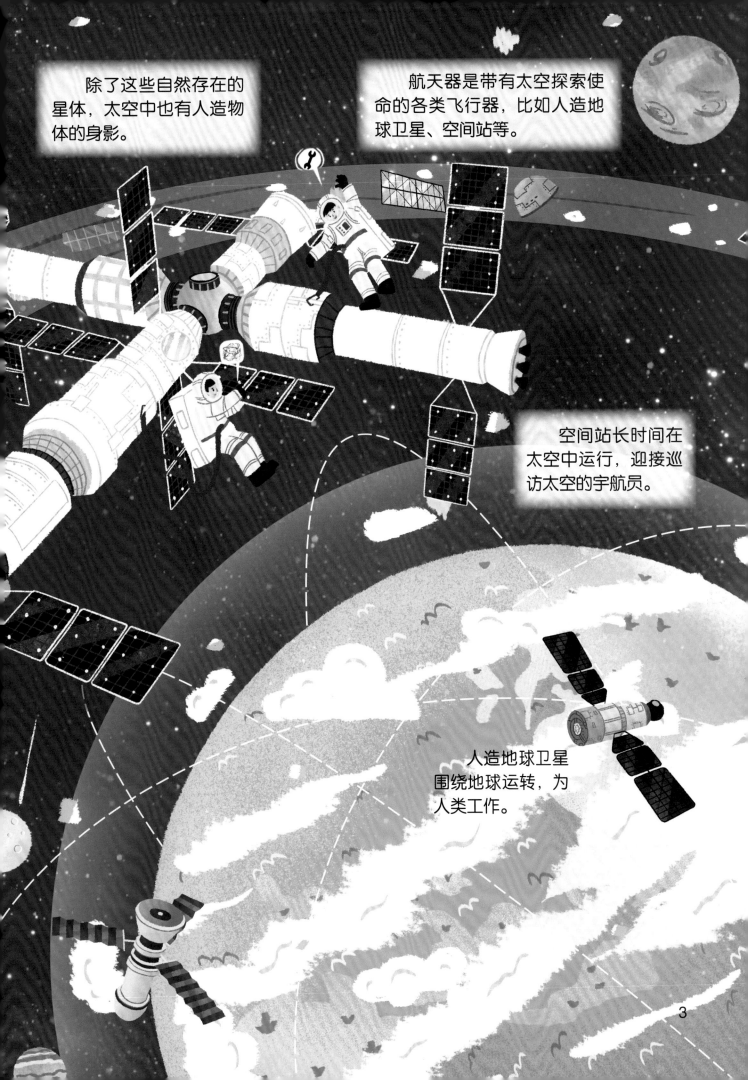

除了这些自然存在的星体，太空中也有人造物体的身影。

航天器是带有太空探索使命的各类飞行器，比如人造地球卫星、空间站等。

空间站长时间在太空中运行，迎接巡访太空的宇航员。

人造地球卫星围绕地球运转，为人类工作。

3

航天器的分类

航天器多种多样，它们可以分为无人航天器和载人航天器。

人造地球卫星、空间探测器和货运飞船，属于无人航天器。

货运飞船负责给太空中的空间站运送货物、燃料和仪器设备。

人造地球卫星环绕着地球运行，它们可用于通信、导航、天气预报等许多领域，作用真不小！

空间探测器是人类派去宇宙空间的"使者"，可分为月球探测器、行星和行星际探测器、小天体探测器等。通过空间探测器的工作，人类对宇宙有了更为深入的了解。

古时候，人类总梦想着能飞上太空。载人飞船将这个梦想变成了现实！

4

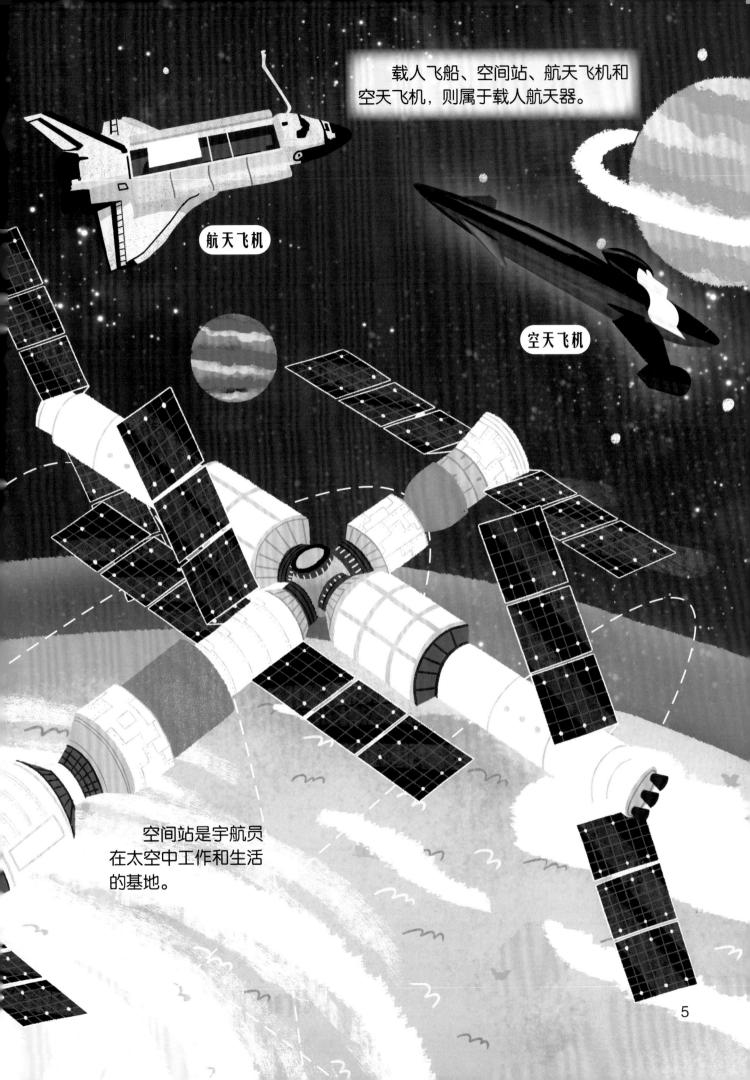

载人飞船、空间站、航天飞机和空天飞机,则属于载人航天器。

航天飞机

空天飞机

空间站是宇航员在太空中工作和生活的基地。

5

运载火箭

航天器要飞上天，离不开运载火箭。运载火箭可以将飞船、人造卫星等航天器送入太空中特定的轨道，也可以装上弹头和制导系统等制成导弹。

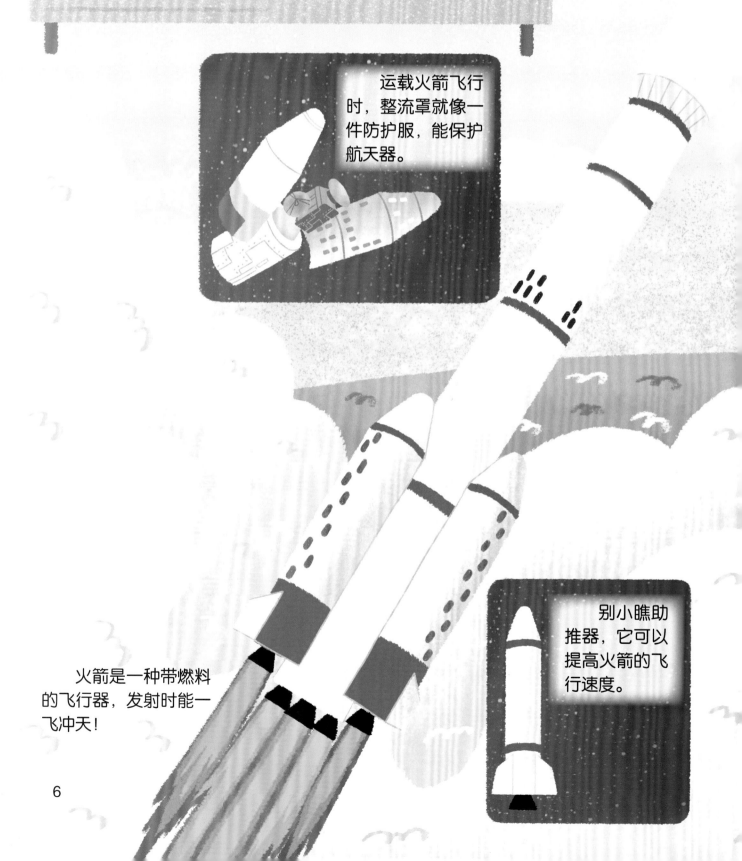

运载火箭飞行时，整流罩就像一件防护服，能保护航天器。

别小瞧助推器，它可以提高火箭的飞行速度。

火箭是一种带燃料的飞行器，发射时能一飞冲天！

探空火箭是一种特殊的运载工具，它只携带科学仪器在近地空间进行探测和科学试验。

探空火箭的仪器舱里装着可以采集信息的科学仪器，它所获取的资料可用于天气预报、地球和天文物理研究，为弹道导弹、运载火箭、人造卫星、载人飞船等飞行器的研制提供必要的环境参数。

探空火箭一般没有控制系统，而是靠稳定尾翼来稳定飞行。

人造地球卫星

人造地球卫星是发射数量最多、用途最广、发展最快的航天器。

人造地球卫星是个大家族，按用途大致可分为科学卫星、技术试验卫星和应用卫星。

用于新技术试验或为应用卫星进行试验的卫星，被称为技术试验卫星。

专门用于科学探测和研究的卫星，叫作科学卫星。科学卫星主要包括空间物理探测卫星和天文卫星两种。

应用卫星的成员可多了，比如通信卫星、导航卫星、气象卫星、测地卫星、侦察卫星、预警卫星、海洋监视卫星等。

航天器发展·上

为了探索太空，人类一直在努力发明出各类不同的航天器。快来看看人类的航天器发展历程吧！

1957年10月4日，由苏联研制的人类第一颗地球卫星——"斯普特尼克1号"腾空而起，领先美国一步进入太空。

1957年11月3日，苏联发射了第二颗人造地球卫星"斯普特尼克2号"，上面搭载了一只名为"莱卡"的小狗。"斯普特尼克2号"卫星绕地球运行了162天。

1961 年 4 月，苏联宇航员加加林乘坐"东方 1 号"宇宙飞船登上太空，成为"太空第一人"！

1961 年 5 月，美国"水星"号宇宙飞船将宇航员艾伦·谢泼德送入太空。

1965 年，"上升 2 号"载人飞船带着两位苏联宇航员奔向太空。
宇航员阿列克谢·列昂诺夫实现了人类第一次太空漫步。

航天器发展·下

在全球争相开展太空探索的背景下，中国自1956年开始发展航天事业以来，不断增强自主创新能力，攻克了一个个航天尖端科技难题，迅速进入国际航天技术先进行列，在大步迈向航天强国的征途中充分彰显了中国力量。

1970年，中国第一颗人造卫星"东方红1号"成功升空！

"东方红1号"航天器能够播放中国乐曲《东方红》。

1972年3月2日，美国发射了"先驱者10号"。它是第一个飞出太阳系的航天器，成功穿越火星和木星之间的小行星带。

"先驱者10号"还完成了首次探测木星的任务呢！

2003 年 10 月 15 日，中国的"神舟五号"载人飞船成功升空！这是中国航天史上的里程碑。

"长征二号 F"多次成功发射"神舟"系列飞船，已成为"明星"火箭。

2021 年 10 月 16 日中国成功发射的"神舟十三号"载人飞船，分为轨道舱、返回舱、推进舱三大部分。

登陆月球的行动

人类通过发明的航天器，将脚步迈向了月球。来看看人类的登月行动吧！

中国的首颗绕月人造卫星是 2007 年 10 月 24 日发射的"嫦娥一号"。

我的一小步，是人类的一大步！

1959 年 9 月，苏联发射的"月球 2 号"无人探测器，成为第一位探访月球的使者。

1969 年 7 月，美国发射了"阿波罗 11 号"载人航天器，它由指挥舱、服务舱和登月舱三大部分组成。

这是人类第一次登月。执行这次任务的宇航员是阿姆斯特朗、迈克尔·科林斯、巴兹·奥尔德林。

空间站建设

空间站是从地球上发射到太空的一种大型航天器，它能够长时间停留在太空中，为宇航员提供长期稳定的生活和工作空间，相当于宇航员在太空中的家。

1971 年 4 月 19 日，苏联发射了"礼炮 1 号"空间站。这是人类历史上首个空间站。

1973 年 5 月，美国用"土星 5 号"运载火箭发射了试验性空间站"天空实验室"。

"天空实验室"是美国第一个环绕地球的空间站。

由苏联建造的"和平号"空间站是分模块发射的，在轨道上组装完成，前后历时10年。它的空间与以往所有的空间站相比都更大！

国际空间站

国际空间站是由多个国家共同建造、运行和使用的太空平台，通过分阶段发射不同功能的组件对接装配而成，是有史以来规模最大的空间国际合作项目。

由俄罗斯出资和建造的"星辰号"服务舱于 2000 年 7 月 12 日发射，是国际空间站的核心。宇航员可以在这里洗澡和睡觉，舱内还有冰箱、餐桌和运动器械呢！

由美国出资、俄罗斯制造的"曙光号"功能舱，是国际空间站的第一个组件。1998 年 11 月 20 日，它搭载俄罗斯的火箭飞上太空。

2001 年 7 月 14 日，"寻求号"气闸舱由美国发射升空。宇航员出舱活动前，会在"寻求号"气闸舱里穿戴好航天服。

国际空间站是由美国、俄罗斯、日本等 16 个国家共同建造的。它和一个足球场差不多大，是目前世界上最大的航天器！

由美国制造的"命运号"实验舱，发射于 2001 年 2 月 7 日。
　　看！科学家们正在"命运号"实验舱里进行微重力研究。

"哥伦布"实验舱由欧洲 10 个国家共同制造，于 2008 年 2 月 7 日发射升空。这个实验舱里有很多实验设备，能开展多种实验。

19

中国空间站

随着科学技术的发展，中国也在太空建造空间站啦！让我们一起来了解中国的空间站吧。

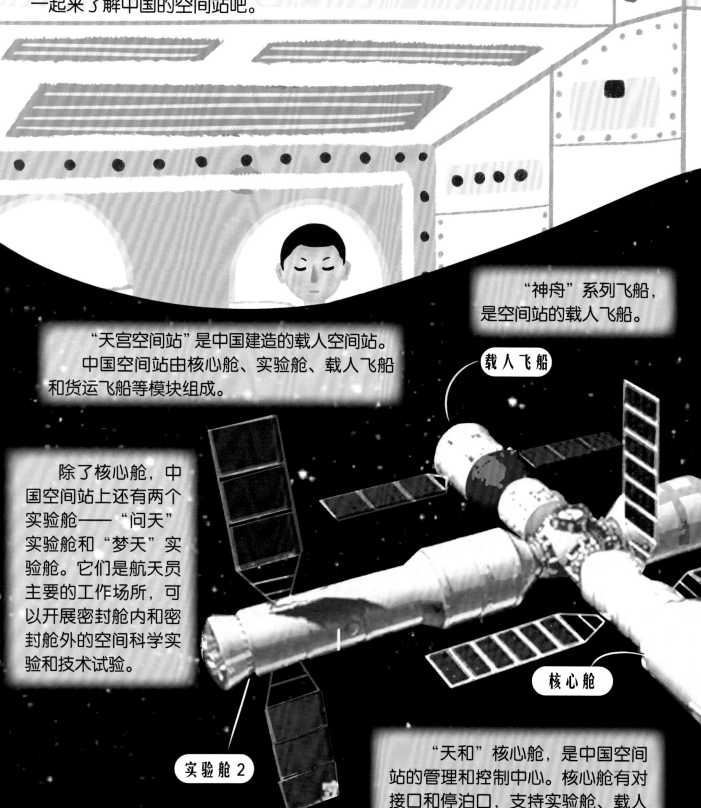

"天宫空间站"是中国建造的载人空间站。中国空间站由核心舱、实验舱、载人飞船和货运飞船等模块组成。

"神舟"系列飞船，是空间站的载人飞船。

载人飞船

除了核心舱，中国空间站上还有两个实验舱——"问天"实验舱和"梦天"实验舱。它们是航天员主要的工作场所，可以开展密封舱内和密封舱外的空间科学实验和技术试验。

实验舱 2

核心舱

"天和"核心舱，是中国空间站的管理和控制中心。核心舱有对接口和停泊口，支持实验舱、载人飞船、货运飞船等飞行器与其交会对接和在轨组装。

2021 年 6 月 17 日，航天员聂海胜、刘伯明、汤洪波先后进入"天和"核心舱。这标志着中国人首次进入了自己的空间站！

实验舱 1

货运飞船

"天舟"号货运飞船就像忠实的后勤部部长，能够为空间站运送和补给物资。

火星探测器

火星和地球一样，都处在庞大的太阳系中。人类对这颗红色的星球充满好奇，总想揭开它神秘的面纱。

火星离地球的最近距离，约5500万千米。

2004年1月，"机遇号"火星探测器安全着陆在火星的表面。它和卡丁车差不多大小，身上装备着多个照相机。火星上的第一颗陨石就是由它发现的。

到目前为止，还没有人类登上过火星。美国太空探索技术公司（SpaceX）就在为载人登陆火星的计划不断努力。

2012 年 8 月，"好奇号"火星探测器在火星表面登陆。它可是世界上第一辆采用核动力驱动的火星车！在荒凉的火星上，它勇敢地寻找可能存在的生命元素。

23

深空探测器

宇宙非常辽阔，在太阳系之外，还有浩瀚的深空。为此，人类也发明了深空探测器。

"先驱者"号探测器是美国发射的深空探测器系列之一。

它们的任务是探测地球和月球之间的空间，以及行星际空间。

太空环境具有很强的辐射，深空探测器要能够承受强烈的辐射。

1977年9月5日，由美国宇航局研制的无人外太阳系空间探测器"旅行者1号"发射成功。

"旅行者1号"重815千克。它前往外太阳系，旅程十分遥远！这个深空探测器曾到访过木星及土星，并向地球发回了照片。

25

未来的空间探测器

随着科技的不断进步，空间探测器也会出现新的变化。未来的空间探测器将会是什么样的呢？

火星上原来长这样！

有朝一日，普通老百姓或许也可以乘坐航天飞机到太空去旅行。

在未来，火箭或许可以重复利用。比如，在完成运载任务之后，火箭自行返回地球。

在长距离空间旅途中，该如何给航天器补充能量呢？有一种名为太阳帆的航天器，可以利用太阳光的压力进行太空飞行。

在燃料耗尽后，普通的火箭往往会被逐步抛弃。

小朋友，让我们插上想象的翅膀，说一说未来空间探测器的模样吧！

责任编辑　瞿昌林
责任校对　王君美
责任印制　汪立峰

项目策划　北视国

图书在版编目（CIP）数据

揭秘航天器 / 刘宝恒编著 . -- 杭州 ： 浙江摄影出
版社，2022.7
　（小神童·科普世界系列）
　ISBN 978-7-5514-4004-2

　I. ①揭… II. ①刘… III. ①航天器－儿童读物
IV. ① V47-49

中国版本图书馆 CIP 数据核字 (2022) 第 105018 号

JIEMI HANGTIANQI

揭秘航天器

（小神童·科普世界系列）

刘宝恒　编著

全国百佳图书出版单位
浙江摄影出版社出版发行
　　地址：杭州市体育场路 347 号
　　邮编：310006
　　电话：0571-85151082
　　网址：www.photo.zjcb.com
制版：北京北视国文化传媒有限公司
印刷：唐山富达印务有限公司
开本：889mm×1194mm　1/16
印张：2
2022 年 7 月第 1 版　　2022 年 7 月第 1 次印刷
ISBN 978-7-5514-4004-2
定价：39.80 元